2019 客厅

精·选·图·鉴

自然美式风格

锐扬图书 编

海峡出版发行集团
THE STRAITS PUBLISHING & DISTRIBUTING GROUP

福建科学技术出版社
FUJIAN SCIENCE & TECHNOLOGY PUBLISHING HOUSE

图书在版编目（CIP）数据

2019客厅精选图鉴.自然美式风格/锐扬图书编.—福
州：福建科学技术出版社，2019.1
ISBN 978-7-5335-5717-1

Ⅰ.①2… Ⅱ.①锐… Ⅲ.①住宅–客厅–室内装饰
设计–图集 Ⅳ.① TU241-64

中国版本图书馆 CIP 数据核字（2018）第 242984 号

书　　名	2019 客厅精选图鉴　　自然美式风格
编　　者	锐扬图书
出版发行	福建科学技术出版社
社　　址	福州市东水路 76 号（邮编 350001）
网　　址	www.fjstp.com
经　　销	福建新华发行（集团）有限责任公司
印　　刷	福建新华印刷有限责任公司
开　　本	889 毫米 ×1194 毫米　1/16
印　　张	6
图　　文	96 码
版　　次	2019 年 1 月第 1 版
印　　次	2019 年 1 月第 1 次印刷
书　　号	ISBN 978-7-5335-5717-1
定　　价	39.80 元

书中如有印装质量问题，可直接向本社调换

软装运用 ➡

美式布艺沙发搭配柔软的布艺抱枕，彰显美式风格的优雅大气。

文化砖　　　　　　　　　　　仿古砖

肌理壁纸　　　　　　　　　　白枫木饰面板

材料搭配 ◀

白色护墙板与壁纸的搭配，呈现出美式风格安逸、舒适的特点。

米色人造大理石　　　　　　　　　　　黄橡木金刚板

白枫木装饰线

黄橡木金刚板

软装运用 →

设计线条简洁大方的美式家具，打造出一个安逸、舒适的空间氛围。

黄线橡木金刚板

艺术地毯

色彩搭配 ←

大地色系的组合运用，彰显了美式风格的沉稳气质，适当的彩色点缀，让色彩更有层次。

美式风格的特点

　　1. 现代美式风格追求简洁、明快，讲究清晰的线条和优雅、得体、有度的装饰，通常使用大量的石材和木饰面装饰，在色彩上多以米色或者白色为主。

　　2. 古典美式风格源于欧洲文化，它摒弃了巴洛克和洛可可风格所追求的浮华。家具和家居饰品在材质及色调上都表现出粗犷或二次做旧的质感和年代感。多以舒适实用和多功能为主，不过分强调繁复的雕刻和细节，营造返璞归真的境界。

　　3. 乡村美式风格的色调以中性色为主，不宜使用亮色，色度为暖色最为适宜。在配饰方面也多选用皮革、实木、铁艺、仿旧壁纸等。

文化砖

仿古砖

软装运用 →

复古造型的布艺沙发，美化空间搭配的同时，也让待客空间更加舒适。

艺术地毯

米黄色玻化砖

艺术地毯

人造板岩砖

白枫木装饰线

白枫木饰面板

深啡网纹大理石波打线

软装运用 ▶

美式台灯的质感细腻, 灯体造型曼妙, 提升了客厅的品位。

印花壁纸   大理石踢脚线

色彩搭配 ▶

棕黄色为基调的客厅, 彰显了古典美式风格的魅力。

黄橡木饰面板   肌理壁纸

爵士白大理石

铁锈黄网纹大理石

装饰壁布

米色网纹玻化砖

色彩搭配 →

淡蓝色、淡绿色的点缀，让美式风格空间显得更加素雅恬静。

肌理壁纸

印花壁纸

布艺硬包

软装运用 ←

美式落地灯，在这个空间内起到调节氛围的作用，让客厅显得优雅、温馨。

软装运用 →

布艺元素亮丽的色彩，打破了单调感，让客厅生动起来。

米色玻化砖

白枫木装饰线

灰色网纹大理石

仿古砖

艺术地毯

中花白大理石

文化砖

彩色硅藻泥

艺术地毯　　　　黑金花大理石波打线

美式风格的色彩搭配

美式风格的配色主要以原木自然色调为基础，一般以白色、红色、绿色等色系作为居室整体色调，而在墙面与家具以及陈设品的色彩选择上，多以自然、怀旧、散发着质朴气息的色彩为主，如米色、咖啡色、褐色、棕色等。整体色彩朴实、怀旧、贴近大自然。

软装运用 →

全铜吊灯的灯体比例优美，流露出雅致的气韵，极具观赏性与实用性。

印花壁纸

米黄大理石

色彩搭配 →

蓝色的点缀与白色形成视觉反差，让空间不显清冷，更有层次。

有色乳胶漆

米白色抛光墙砖

爵士白大理石

印花壁纸

白色玻化砖

软装运用 ➜

方形布艺坐墩，设计造型简洁，
色彩清丽，是客厅装饰的亮点。

啡金花大理石波打线　　　　　爵士白大理石

印花壁纸

材料搭配 ◀

通透的地砖，简洁明快，让客厅
的氛围更加精致、时尚。

印花壁纸

仿古砖

车边银镜

印花壁纸

色彩搭配 →
黄色与蓝色的互补，让美式风格
空间的色彩氛围更显融洽。

装饰灰镜　　　肌理壁纸

水曲柳饰面板

仿洞石玻化砖

布艺软包

欧式花边地毯

艺术地毯

印花壁纸

软装运用 →

三人布艺沙发造型简洁，彰显山美式风格追求舒适的特点。

米色大理石　　　　　　　　　印花壁纸

印花壁纸

材料搭配 →

抛光的大理石为美式风格空间增添了一份奢华气息。

云纹玻化砖

艺术地毯

手绘墙饰

布纹砖

软装运用 →

皮质沙发的运用,彰显了美式风
格厚重的美感。

皮革硬包   条纹壁纸

材料搭配 ←

壁纸与木质材料的装饰,给人一
种典雅、舒适的感觉。

仿古砖   混纺地毯

美式风格的装饰元素

　　美式风格从简单到繁杂、从整体到局部，精雕细琢，雕花镶金都给人深刻的印象。其摒弃了过于复杂的肌理和装饰，简化了线条，保留了材质、色彩的大致风格。常见的壁炉、水晶灯、罗马古柱、铁艺等都是美式风格的点睛之笔。

> **软装运用 ↓**
> 复古的实木家具，彰显出古典美式的沉稳与大气。

彩色硅藻泥

印花壁纸

> **软装运用 →**
> 古典家具的运用成为客厅设计的亮点，打造出古典美式的自然与舒适。

印花壁纸　　　　　　　　　　　　米色网纹玻化砖

印花壁纸

仿古砖

胡桃木饰面板

皮革软包

色彩搭配 ◄

蓝色、黄色、绿色的点缀，彰显
了美式风格亲近自然、舒适随性
的风格特点。

中花白大理石　　　　混纺地毯

布艺软包

印花壁纸

色彩搭配 →

客厅的色调趋于沉稳，营造出一个休闲、舒适的客厅空间。

雕花银镜

软装运用 →

美式水晶吊灯，造型别致，营造了温馨、舒适的居室氛围。

布艺软包

米白色人造大理石

人造板岩砖   有色乳胶漆

色彩搭配 ◄

深色的美式实木家具，成为客厅中色彩重心的体现，打造出一个自由随性、简约怀旧的空间氛围。

条纹壁纸

软装运用 ➡

全铜吊灯的设计造型大气典雅，体现出美式风格精致、从容的风格特点。

铁锈黄网纹大理石

仿洞石玻化砖

有色乳胶漆

车边银镜

金属砖

大理石踢脚线

软装运用 ➡

实木搭配布艺，低调内敛的配色，表现出客厅空间的雅致。

布艺硬包

米黄色网纹亚光地砖

米白色玻化砖

金属砖

软装运用 ◀

设计线条简洁大方的布艺沙发搭配实木家具，打造出一个舒适、淳朴的空间氛围。

材料搭配 ◀

雕花银镜的运用，让客厅空间尽显通透的美感。

雕花银镜　　　　　　羊毛地毯

美式风格的家具特点

美式风格家具的造型、纹路、雕饰和色调细腻且高贵。用色一般以单一色为主，强调更强的实用性，同时非常重视装饰，以风铃草、麦束和瓮形装饰。其常用镶嵌装饰手法，并饰以油漆或者浅浮雕。材质一般采用胡桃木和枫木，为了凸出木质本身的特点，它的贴面采用复杂的薄片处理，使纹理本身成为一种装饰，可以在不同角度下产生不同的光感。美式家具的雕刻简约，只在腿足、柱子、顶冠等处雕花点缀，不会有大面积的雕刻和过分的装饰，使用起来更舒适，更讲究格调、欣赏和舒适性。

米黄色玻化砖

艺术地毯

软装运用 →
美式皮质沙发的铆钉，彰显了传统美式风格的古朴韵味。

彩色硅藻泥

21 +

仿古砖

白橡木金刚板

黄松木板吊顶

仿岩涂料

米色网纹大理石

软装运用 ◀

精致的台灯,设计造型优美,彰显了传统美式风格的精致与品位。

色彩搭配 ▶

蓝色、白色与浅绿色的搭配，营造出一个属于美式田园风格的浪漫氛围。

黄橡木金刚板　　　　　　　　有色乳胶漆

米黄色抛光墙砖

软装运用 ◀

高靠背座椅为美式风格空间增添了一份古典欧式的韵味。

仿古砖

胡桃木金刚板

米色玻化砖

米黄色抛光墙砖

红橡木金刚板　　　　　　　　　　　　印花壁纸

软装运用 ◀

宽大的布艺沙发，为美式客厅增
添了一份休闲、舒适。

米色亚光地砖　　　　　　　　　　　　皮纹砖

材料搭配 ◀

皮纹砖温润的质感，让整个客厅
的氛围更加温馨、舒适。

软装运用 ➡
柔软的布艺沙发为客厅带来美式的慵懒风，贵气又不失自在。

艺术地毯

黑色烤漆玻璃

仿古砖

白橡木金刚板

有色乳胶漆

做旧木饰面板

白橡木金刚板

软装运用 →

水晶吊灯的运用，为美式田园风格客厅增添了一份奢华气息。

布艺软包

米黄洞石

色彩搭配 ←

蓝色与白色、米色的搭配，打造出一个清新、浪漫的美式田园风格客厅。

有色乳胶漆

米色网纹玻化砖

客厅电视墙的照明设计应该注意什么

　　也许你会认为在电视墙上安装灯饰会有超炫的感觉，其实这种想法是错误的。虽然漂亮的背景墙在灯光的照耀下会更加吸引眼球，有利于彰显主人的个性，但在这种照度下长时间观影，会造成视觉疲劳，久而久之对健康不利。电视机本身拥有的背光已经起到衬托作用，而且播放节目时也会有光亮产生。可以在电视墙上安装吊顶，并在吊顶上安装照明灯。除了吊顶本身要与电视墙相呼应外，照明灯的色彩和强度也应该注意，不要使用功率过大或色彩太过夺目的灯泡，这样在观影时才不会产生双眼刺痛或眩晕的感觉。

装饰壁布

有色乳胶漆

材料搭配 →
美式金属吊灯，米色灯罩搭配黑色金属支架，造型优雅，别有一番美式风情。

陶质木纹地砖　　　　　　胡桃木饰面板

艺术地毯

印花壁纸

仿古砖

印花壁纸

艺术地毯　　　　　　　　　胡桃木金刚板

软装运用 ←

布艺沙发、窗帘、地毯的色调相同，体现了空间搭配的整体感，也彰显了美式风格清新、自然的特点。

软装运用 →

美式布艺沙发搭配花色抱枕与
装饰画,简单的造型体现出温馨
的美感。

金属砖

印花壁纸

白枫木饰面板

有色乳胶漆

色彩搭配 ←

以经典的米色与白色作为背景
色,再运用蓝色、绿色作为点
缀,整体层次感更加分明。

仿古砖

红橡木金刚板

米色网纹亚光墙砖

金属砖

泰柚木饰面板

印花壁纸

软装运用 ◄

实木家具让客厅充满了古朴、厚重的美式风格特点。

仿古砖

原木饰面板

色彩搭配 ◄

黄色、红色、绿色、蓝色的点缀，让美式田园风格客厅更显活泼与自然。

软装运用 →

美式实木电视柜,优雅迷人的造型,带来浓郁的美式气息。

印花壁纸　　　　　　　　　　　　　　布艺硬包

红橡木金刚板

印花壁纸

装饰壁布　　　　　　　　　　　肌理壁纸

色彩搭配 ◀

米色与白色的搭配,彰显了现代美式风格的简洁与舒适,绿色、黑色的点缀,让色彩层次得到有效提升。

爵士白大理石　　陶瓷马赛克

布艺硬包　　　　　　印花壁纸

软装运用 ➜

美式吊灯具有很强的装饰效果,同时也保证了客厅空间充足的照明。

红樱桃木饰面板　　　云纹大理石

如何增加客厅墙面的收纳功能

　　将墙面做成装饰柜的式样是当下比较流行的装饰手法，它具有收纳功能，可以敞开，也可以封闭，但整个装饰柜的体积不宜太大，否则会显得厚重而拥挤。有的年轻人为了突出个性，甚至在装饰柜门上即兴涂鸦，这也是一种独特的装饰手法。这种做法真的很实用，很适合小物品或书籍较多而又没有书房的年轻人。

软装运用 ↓
高靠背老虎椅的运用，加强了空间的舒适感。

仿古砖

艺术地毯

密度板拓缝

米白洞石

羊毛地毯

仿洞石玻化砖

混搭地毯

陶质木纹砖

木质格栅

有色乳胶漆

仿古砖

米白洞石

色彩搭配 ➜

以白色和蓝色为主色调,让美式
风格空间的轻松之感油然而生。

米色网纹亚光地砖

软装运用 ➜

布艺沙发的复古造型,搭配华贵
的色彩,让人感受到传统美式沉
稳、大气的特点。

米色玻化砖

白枫木饰面板

软装运用 ←

弯腿复古的实木电视柜，展现了
古典美式的厚重感。

深啡网纹大理石   印花壁纸

材料搭配 →

电视墙的凹凸设计造型，彰显了
客厅硬装设计的精致与用心。

印花壁纸   白枫木装饰线

中花白大理石

黄橡木金刚板

软装运用 →

吊灯的整体造型别致、新颖，
为美式风格空间增添了一份时
尚感。

装饰壁布　　　　　　艺术地毯

条纹壁纸

米色抛光墙砖

米色网纹大理石　　　车边茶镜

印花壁纸

仿古砖

印花壁纸　　　　　　　　　　皮革软包

软装运用 ◄

双层吊灯设计精致优美, 有很强
的装饰效果与实用性。

陶瓷马赛克　　　　　　　　　　米色大理石

材料搭配 ◄

石材的运用, 彰显了古典美式温
润、雅致的美感。

如何用石材装饰电视墙

石材在装修中的应用非常广泛，这是因为石材花纹独特、美观耐用，造型非常丰富，表面处理方式丰富多样。石材的多样性，可使电视墙的表情变得丰富起来，成为客厅中　道不可或缺的风景，以及展现主人品位的一扇窗。家庭装修中，做一面石材电视墙，既可以提升主人的品位，也可以提升房间的奢华、大气感。选用一款华美的或者几款精致的石材，通过设计造型和图案，就能打造出一面独具个性、奢华的电视墙。

印花壁纸

米色网纹大理石

印花壁纸

中花白大理石

米色玻化砖

欧式花边地毯

文化砖

中花白大理石

素色硅藻泥

大理石踢脚线

软装运用 ➤

米色布艺沙发,让客厅的色彩更
有层次,展现出美式风格的舒适
与自在。

浅绯红大理石　　　　　　　　　　　印花壁纸

色彩搭配 ◀

米色为背景色,让美式风格空间
尽显舒适与安逸。

印花壁纸

印花壁纸　　　　　　　　　　有色乳胶漆

仿古砖

直纹斑马木饰面板

印花壁纸

软装运用 ◀

宽大的布艺沙发, 为美式风格客厅增添了一份休闲、舒适的感觉。

艺术地毯

印花壁纸

色彩搭配 ◀

大地色系的运用让客厅的基调更加沉稳, 少量白色的运用, 为空间增添了一份清新感。

色彩搭配 →

多种色彩的点缀运用, 让客厅的
田园气息更加浓郁。

印花壁纸　　　　　　　　　　仿古砖

欧式花边地毯

仿古砖

印花壁纸

红橡木金刚板

仿古砖

文化砖

有色乳胶漆

泰柚木饰面板

软装运用 ←

美式简约的印花地毯，精美的图案，彰显美式风格的优雅舒适。

色彩搭配 →

棕红色的实木家具让空间的色彩基调更加沉稳，绿色的点缀则为空间增添了一份自然气息。

欧式花边地毯

米色玻化砖

如何选购金属砖

　　1.外观。好的金属砖无凹凸、鼓突、翘角等缺陷，边直面平。选用优质金属砖不但容易施工，可以铺出很好的效果，看起来平整、美观，而且还能节约工时和辅料，经久耐用。

　　2.釉面。釉面应均匀、平滑、整齐、光洁、细腻、亮丽，而且色泽要一致。

　　3.色差。将几块金属砖拼放在一起，在适度的光线下仔细察看，好的产品色差很小，产品之间的色调基本一致。

色彩搭配 ↓

大地色系的运用，彰显了传统美式风格沉稳、古朴的色彩特点。

布艺硬包

米色玻化砖

材料搭配 →

电视墙采用马赛克、大理石与玻璃作为装饰材料，搭配一株高大的绿植，为客厅注入自然清新的活力。

陶瓷马赛克　　　　　　　　白色乳胶漆

印花壁纸

木纹大理石

印花壁纸

仿古砖

肌理壁纸

爵士白大理石

软装运用 →

米白色布艺沙发，造型优雅美观，使整个空间尽显高贵和优雅。

黄橡木金刚板

白枫木饰面板

色彩搭配 →

大地色与白色的搭配，层次分明，也呈现了美式田园的清新与自然。

印花壁纸

木纹大理石

文化砖

仿古砖

软装运用 →

台灯的设计造型优美，做工精致，为客厅营造出一个温馨、浪漫的氛围。

文化石

色彩搭配 ←

米色为背景色的客厅，尽显美式风格的素雅与质朴。

仿古砖

软装运用 →

沙发的线条简洁，色彩温馨，使
客厅的感觉更加舒适、浪漫。

印花壁纸   装饰灰镜

有色乳胶漆

中花白大理石

肌理壁纸   白枫木装饰线

软装运用 ◀

美轮美奂的水晶吊灯，让客厅的
氛围更加浪漫。

印花壁纸

皮革软包

材料搭配 ◀

米色大理石，复古的纹理，尽显
典雅质朴，为空间带来舒适、自
然的氛围。

米黄色网纹大理石

雕花银镜

仿古砖

如何选购皮纹砖

1. 手拿皮纹砖观察侧面，检查其平整度；将两块或多块砖置于平整地面，紧密铺贴在一起，缝隙越小，说明砖体平整度越高。

2. 一只手夹住瓷砖的一角，提于空中，使其自然下垂，然后用另一只手的手指关节敲击砖体中下部，声音清脆者为上品，声音沉闷者为下品。

3. 检测吸水率是评价瓷砖质量的一个非常重要的方法。可以在瓷砖背面倒一些水，看其渗入时间的长短。如果瓷砖在吸入部分水后，剩余的水还能长时间停留其背面，则说明瓷砖吸水率低、质量好；反之，则说明瓷砖吸水率高、质量差。

中花白大理石

混纺地毯

材料搭配 →
仿古地砖的运用，彰显了传统美式风格古朴、雅致的特点。

印花壁纸　　　　　　　　仿古砖

白枫木饰面板

印花壁纸

有色乳胶漆

文化砖

中花白大理石

软装运用 ◀

美式单人座椅, 造型简洁, 为空间增添了一份舒适与安逸的感觉。

软装运用 →

柔软的布艺饰品让客厅空间的
氛围更加舒适、温馨。

印花壁纸　　　　　　　　　有色乳胶漆

色彩搭配 ◀

棕色与白色，搭配出美式风格的
古典韵味。

陶瓷马赛克拼花　　　　　　有色乳胶漆

有色乳胶漆　　　　　胡桃木金刚板

米白色玻化砖

羊毛地毯

红橡木金刚板　　　　　　　　印花壁纸

色彩搭配 ◀

整个客厅色彩明亮舒适，以白色、蓝色作为背景色，营造出一个清新舒适的家居氛围。

米色玻化砖　　　　　　　　白枫木饰面板

软装运用 ◀

柔软的布艺家具，为客厅提供了一份休闲、舒适的美感。

胡桃木饰面板

大理石踢脚线

米白玻化砖

浅啡网纹玻化砖

色彩搭配 →

高贵的紫色让美式风格空间色
调更加饱满。

密度板混油

艺术地毯

软装运用 ➡

蓝色布艺单人沙发，造型优美精
致，高靠背设计，尽显舒适。

红橡木金刚板　　　　　　有色乳胶漆

色彩搭配 ◀

棕色实木家具搭配米色、白色的
布艺，自然、简朴，又不失传统
美式风格的历史感与厚重感。

仿古砖　　　　　　　　　米黄色山纹大理石

如何选购陶瓷马赛克

1. 规格齐整。选购时要注意颗粒的规格是否相同，每个小颗粒边沿是否整齐，将单片马赛克置于水平地面，检验是否平整，背面的乳胶层是否太厚。

2. 工艺严谨。先摸釉面，可以感觉其防滑度；然后看厚度，厚度决定密度，密度高，吸水率才会低；最后看质地，内层中间打釉通常是品质好的马赛克。

3. 吸水率低。把水滴到马赛克的背面，水滴往外溢的质量好，往下渗透的则质量差些。

色彩搭配 ↓
棕红色的家具，让空间的色彩基调更趋于沉稳，彰显古典美式的风格魅力。

白橡木金刚板

艺术地毯

软装运用 →
设计线条简单的布艺沙发，让现代美式风格更显时尚。

印花壁纸　　　　　有色乳胶漆

印花壁纸

有色乳胶漆

布艺硬包

仿古砖

木质踢脚线

色彩搭配 ➜

金色的点缀,让空间色彩搭配更加丰富,更有层次,彰显了古典美式奢华的一面。

灰白洞石

胡桃木装饰线

肌理壁纸

软装运用 ➜

地毯的运用,使地面设计更加丰富,为空间增添了一份舒适的美感。

条纹壁纸

羊毛地毯

印花壁纸

艺术地毯

软装运用 ➤

浅灰色的地毯，让客厅的装饰重心
更加稳定，色彩搭配更有层次。

米色抛光墙砖

欧式花边地毯

色彩搭配 ◄

一只蓝色的单人沙发，是整个客
厅中最亮眼的装饰，也彰显了美
式风格的休闲与舒适。

软装运用 →

精雕细琢的实木家具，彰显了古典美式的精致与奢华。

条纹壁纸　　　　　　　　　　米黄大理石波打线

雕花茶镜

布艺硬包

皮纹壁纸　　　　　　　　　　有色乳胶漆

肌理壁纸

爵士白大理石

车边银镜

印花壁纸

如何选购文化石

质量好的文化石，其表面的纹路比较明显，色彩对比度高。如果磨具使用时间过长，那么生产出来的文化石的纹路就会模糊。除此之外，还可以通过以下方式来检测文化石的质量。

一查：首先检查文化石产品，应具质量体系认证证书、防伪标识及质检报告等。

二划：用指甲划板材表面，看有无明显划痕，判断其硬度如何，硬度越高则越好。

三看：目视产品颜色是否清纯，表面应无类似塑料的胶质感，板材正面应无气孔。

四摸：手摸板材表面应无涩感、无丝绸感、无明显高低不平感，界面应光洁。

五闻：鼻闻板材应无刺鼻的化学气味。

六碰：将相同的两块样品相互敲击，应不易破碎。

印花壁纸

皮革硬包

软装运用 ➔

宽大的布艺沙发，彰显了美式风格奢华、舒适的特点。

深啡网纹大理石波打线

印花壁纸

印花壁纸

白松木板吊顶

欧式花边地毯

文化石

有色乳胶漆

陶质木纹砖

皮质硬包

米白色网纹亚光地砖

软装运用 →

米色调的布艺沙发简洁、大方，让人感受到美式风格的轻松与舒适。

有色乳胶漆

红橡木金刚板

色彩搭配 ←

棕色让空间更显低调，少量明亮的色调让整个空间更加温馨。

爵士白大理石

米黄色网纹玻化砖

软装运用 ◄

美式铜质吊灯，全铜材质，造型优雅，体现了美式风格的从容之美。

黄橡木金刚板

色彩搭配 ◄

棕黄色的运用让空间的视觉重心更趋于沉稳，粉色与蓝色的点缀，让色彩更有层次。

仿古砖

欧式花边地毯

文化砖

印花壁纸

有色乳胶漆

黄橡木金刚板

软装运用 →

布艺沙发的造型简洁，彰显了美
式风格追求自然、舒适的特点。

条纹壁纸

米色亚光墙砖

白枫木装饰线

米黄色大理石

皮革软包

仿古砖

黄橡木金刚板

欧式花边地毯

色彩搭配 ←

清丽淡雅的配色，呈现出舒缓、清新的视觉感。

印花壁纸　　　　　　　　　红橡木金刚板

印花壁纸　　　　　　　　　米色大理石

软装运用 →

实木家具的质感让客厅空间的基调趋于沉稳，彰显了传统美式的特点。

皮革软包

浅啡网纹大理石

爵士白大理石

皮革软包

条纹壁纸　　　　　　　　　　　胡桃木金刚板

色彩搭配 ←

白色+米色+黑色的色彩搭配，层次分明，打造出一个自然舒适的客厅空间。

艺术地毯　　　　　　　　白色板岩砖

软装运用 ←

简洁的圆形木质茶几，质朴自然，散发美式韵味。

如何选购壁纸

选购时应考虑所购壁纸是否符合环保、健康的要求，质量性能指标是否合格。消费者在选购时不妨通过以下四种方法检查壁纸质量。

1. 看。首先要看是否经过权威部门的有害物质限量检测，其次看其产品是否存在瑕疵，好的壁纸看上去自然、舒适且立体感强。

2. 摸。用手触摸壁纸，感觉其是否厚实，左右厚薄是否一致。

3. 擦。用微湿的布稍用力擦纸面，出现脱色或脱层现象，则说明其耐摩擦性能不好。

4. 闻。闻一下壁纸是否有异味。

红橡木金刚板

彩色釉面砖

软装运用 →

环形烛台式吊灯是整个客厅空间里最别致的装饰，为空间注入了一份古朴的韵味。

艺术地毯　　　　　　　　　黄橡木金刚板

黄橡木金刚板

彩色硅藻泥

米白色玻化砖

印花壁纸

印花壁纸

软装运用 ◀

枣红色皮质沙发宽大舒适,也让
空间的重心更加稳定。

软装运用 →
皮质沙发很能彰显美式风格的
质朴与大气。

有色乳胶漆　　　　　　　　　　印花壁纸

石膏格栅吊顶　　　　　有色乳胶漆

色彩搭配 ←
彩色乳胶漆的运用, 让客厅的色
彩搭配更有层次, 很好地缓和了
大地色给空间带来的沉稳感。

文化石

白色玻化砖

米白色玻化砖

铁锈黄网纹大理石

文化砖

材料搭配 ←

文化砖略显粗犷的表面让电视墙的设计更有质感。

仿古砖

色彩搭配 ←

以米色作为客厅主色，蓝色、黄色的点缀，让整个客厅的配色更显饱满。

白枫木装饰线　　　　　　　　　　　　　　　　欧式花边地毯

欧式花边地毯

印花壁纸

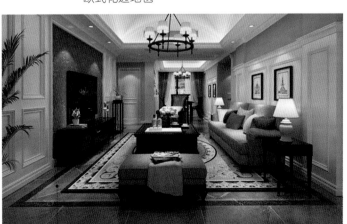

仿古砖

泰柚木金刚板

条纹壁纸

米白玻化砖

金属砖

印花壁纸

有色乳胶漆

彩色釉面砖

材料搭配 ◄

彩色釉面砖石的运用,让美式风格客厅的色彩更有层次。

色彩搭配 →

黄色、绿色、蓝色的运用，让美式风格客厅的色彩更加丰富。

印花壁纸　　　　　　　　　仿古砖

白松木板吊顶　　　　　　条纹壁纸

软装运用 ◄

美式吊灯整体造型古雅别致，是美式风格照明的常用款式。

米色洞石

胡桃木金刚板

木纹玻化砖

皮革软包

印花壁纸

软装运用 ◀

设计线条简洁大方的布艺沙发，令美式风格空间更显自然与亲切，增添了一份时尚感。

色彩搭配 ◀

古朴雅致的大地色系组合，彰显了美式风格的低调与沉稳。

胡桃木装饰线

木纹饰面板的特点

木纹饰面板，全称为装饰单板贴面胶合板，它是将天然木材或科技木刨切成一定厚度的薄片，粘附于胶合板表面，然后经热压而成的一种用于室内装修或家具制造的表面材料。木纹饰面板种类繁多，是一种应用比较广泛的板材。木纹饰面板既具有了木材的优美花纹，又充分利用了木材资源，降低了成本。木纹饰面板施工简单、快捷，效果出众，可用于墙面、门窗以及家具的装饰中。

软装运用 ↓

复古的弯腿实木家具，彰显了古典美式风格的精致品位。

仿古砖

装饰壁布

色彩搭配 →

米色与黑色的搭配，层次分明，再通过多种色彩进行点缀，让古典风格空间带有一丝活泼的意味。

素色硅藻泥   彩色釉面砖

金属砖

白色板岩砖

印花壁纸

有色乳胶漆

米色网纹玻化砖

印花壁纸

软装运用 →
布艺抱枕与布艺沙发的搭配运用，营造出一个温暖、舒适的空间氛围。

人造板岩砖

印花壁纸

色彩搭配 ←
棕色调让空间的重心更加稳定，再通过少量彩色元素的点缀，让空间更显活泼。

仿古砖

欧式花边地毯

印花壁纸

爵士白大理石

金箔壁纸

红樱桃木装饰线

色彩搭配 ◄

黄色与蓝色的互补,让客厅的配色更加有层次,也为美式客厅增添了一份活跃的气息。

米色网纹无缝玻化砖

有色乳胶漆

软装运用 ◄

宽大的布艺沙发造型优美,让整个空间都显得更加舒适、自然。

印花壁纸

白枫木装饰线

米色网纹亚光墙砖

印花壁纸

人造大理石

仿古砖

印花壁纸

文化石

艺术地毯

白枫木饰面板

米色抛光墙砖

铁锈黄云纹大理石

软装运用 ◄

水晶吊灯的运用，为自然舒适的美式风格客厅增添了一份奢华的气息。

材料搭配 →

电视墙采用抛光处理的大理石作为装饰材料，简洁又不失奢华。

米色大理石

印花壁纸

原木饰面板

有色乳胶漆

色彩搭配 ←

大量的绿色不仅让空间配色更有层次，也打造出了一个自然、舒适的空间氛围。

米色亚光地砖

木纹大理石

米色板岩砖

胡桃木金刚板

混纺地毯 有色乳胶漆

软装运用 ◀

布艺沙发与抱枕的色彩清新、淡雅，让整个空间尽显美式风格的舒适与自然。

米色亚光玻化砖 白枫木饰面板

材料搭配 ◀

护墙板与墙砖的色调十分柔和，为客厅提供了一个温馨、舒适的背景氛围。

如何选购木纹饰面板

1. 厚度。表层木皮的厚度应达到相关标准要求，太薄会透底。厚度佳，油漆后的实木感更真、纹理更清晰、色泽更鲜明、饱和度更好。

2. 胶层结构。看板材是否翘曲变形，能否垂直竖立、自然平放。如果翘曲或板质不挺拔、无法竖立者则为劣质底板。

3. 美观度。饰面板外观应细致均匀、色泽清晰、木纹美观，表面无疤痕，配板与拼花的纹理应按一定规律排列，木色相近，拼缝与板边近乎水平。

4. 气味性。应避免选购具有刺激性气味的装饰板。如果刺激性异味强烈，则说明甲醛释放量超标，会严重污染室内环境，对人体造成伤害。

中花白大理石　　　　　　　　　　　　　　　　　　　印花壁纸

色彩搭配 →

粉红色的点缀，为古典美式风格客厅增添了一份娇媚之感。

白橡木金刚板　　　　　　印花壁纸

材料搭配 ◀

大理石的运用,为传统美式风格空间增添了一份时尚与雅致的感觉。

灰白洞石 云纹大理石

条纹壁纸

米黄洞石

艺术地毯 装饰银镜

软装运用 →

实木电视柜，造型古朴，做工精
良，很能体现古典美式的底蕴。

混纺地毯

印花壁纸

肌理壁纸

木纹大理石

色彩搭配 ←

日式仕女图的运用是整个空间
色彩搭配的亮点，它让空间的色
彩层次得到有效提升。

文化砖

艺术地毯

米色网纹大理石

印花壁纸

有色乳胶漆　　　　　　　　　　　啡金花大理石波打线

软装运用 ◀

美式布艺沙发，纯实木框架搭配
高弹力海绵，更显舒适休闲。

木质隔板　　　　仿古砖

色彩搭配 ◀

绿色+蓝色的点缀，令美式田园
的自然气息更加浓郁。

印花壁纸

米色网纹玻化砖

米色网纹玻化砖

米色玻化砖

仿洞石玻化砖　　　　装饰银镜

软装运用 ◄

美式老虎椅具有良好的舒适性，彰显了美式风格休闲舒适的特点。

金属砖

皮纹砖

白橡木金刚板

印花壁纸

印花壁纸

白色板岩砖